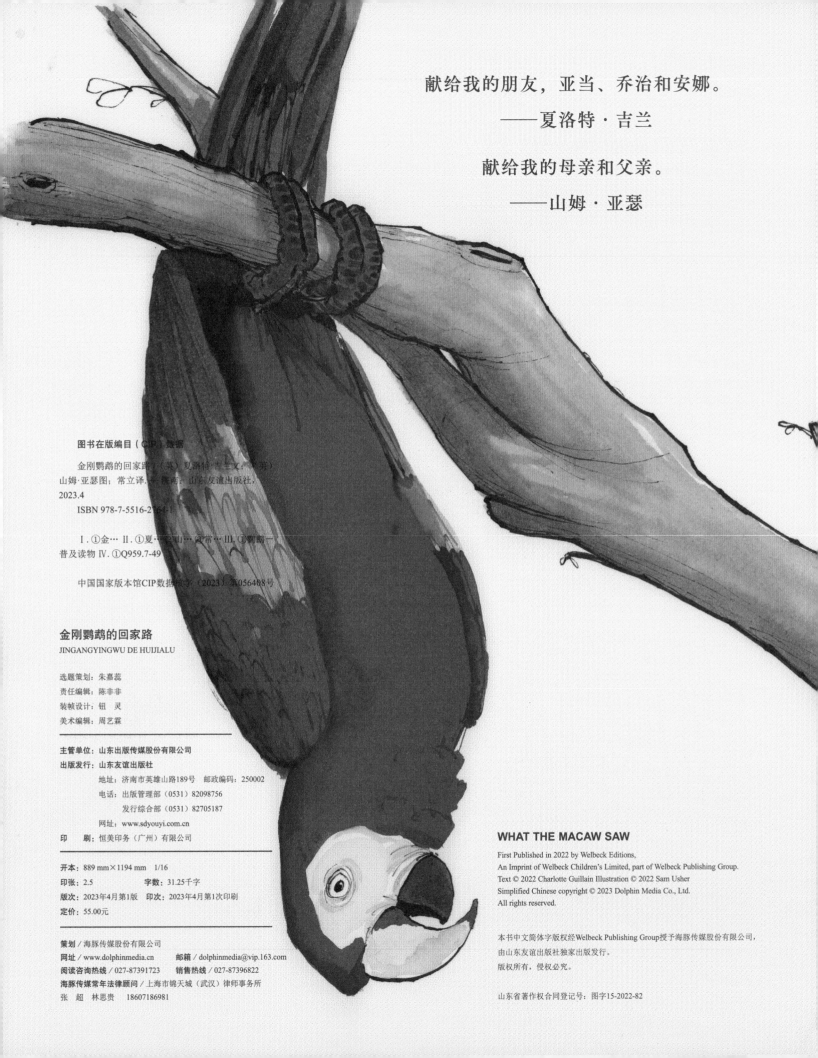

献给我的朋友，亚当、乔治和安娜。

——夏洛特·吉兰

献给我的母亲和父亲。

——山姆·亚瑟

图书在版编目（CIP）数据

金刚鹦鹉的回家路 /（英）夏洛特·吉兰文；（英）山姆·亚瑟图；常立译. —济南：山东友谊出版社，2023.4
ISBN 978-7-5516-2764-1

Ⅰ.①金… Ⅱ.①夏…②山…②常… Ⅲ.①鹦鹉—普及读物 Ⅳ.①Q959.7-49

中国国家版本馆CIP数据核字（2023）第056408号

金刚鹦鹉的回家路
JINGANGYINGWU DE HUIJIALU

选题策划：朱嘉蕊
责任编辑：陈非非
装帧设计：钮 灵
美术编辑：周艺霖

主管单位：山东出版传媒股份有限公司
出版发行：山东友谊出版社
　　　　　地址：济南市英雄山路189号　邮政编码：250002
　　　　　电话：出版管理部（0531）82098756
　　　　　　　　发行综合部（0531）82705187
　　　　　网址：www.sdyouyi.com.cn
印　　刷：恒美印务（广州）有限公司

开本：889 mm×1194 mm　1/16
印张：2.5　　　　　字数：31.25千字
版次：2023年4月第1版　印次：2023年4月第1次印刷
定价：55.00元

策划 / 海豚传媒股份有限公司
网址 / www.dolphinmedia.cn　　邮箱 / dolphinmedia@vip.163.com
阅读咨询热线 / 027-87391723　　销售热线 / 027-87396822
海豚传媒常年法律顾问 / 上海市锦天城（武汉）律师事务所
张 超 林思贵 18607186981

WHAT THE MACAW SAW

First Published in 2022 by Welbeck Editions,
An Imprint of Welbeck Children's Limited, part of Welbeck Publishing Group.
Text © 2022 Charlotte Guillain Illustration © 2022 Sam Usher
Simplified Chinese copyright © 2023 Dolphin Media Co., Ltd.
All rights reserved.

本书中文简体字版权经Welbeck Publishing Group授予海豚传媒股份有限公司，
由山东友谊出版社独家出版发行。
版权所有，侵权必究。

山东省著作权合同登记号：图字15-2022-82

金刚鹦鹉的回家路

[英] 夏洛特·吉兰 / 文　[英] 山姆·亚瑟 / 图

常 立 / 译

山东友谊出版社·济南

我，一只绯红金刚鹦鹉。

滑翔在你头顶的树枝上，

茂密葱郁的热带雨林是我的家乡，

有一个关于我的故事，想要对你讲……

我从树洞里的一颗鸟蛋中孵化而出。

父母对我和弟弟悉心照顾。

我和我的家人待在一起，直到我长大，

然后遇到了我的那个他。

我们是终身伴侣，快乐而自由地飞翔。

森林是我们的家，是我们生活的全部。

我们飞越数百里，去寻找甜美的果实，

俯冲到悬崖上，品尝美味的黏土。

我生下了第一颗蛋，

我们的雏鸟孵出、成长，

他们飞过树梢，自由翱翔。

但后来，我们看见人类出现在大地上，

还有一条蜿蜒曲折的公路穿过林莽。

时光飞逝，鸟群被轰鸣声唤醒。

一听到锯子声，我们就颤栗，我们胆战心惊。

我们绝望地看着树木一棵棵消失，

我们的家遭到威胁，森林被夷为平地。

接着，烟雾弥漫天空，一种炙热的恐怖来袭，
火焰迅速蔓延，呼啸而至。
树冠熊熊燃烧，大火吞噬家园，
森林化为灰烬，鸟群被迫分离。

虽然我们一直小心防范，

但是我们的鸟群还是越来越小。

偷猎者把雏鸟从巢中取出，

他们的父母忍受骨肉分离的痛苦。

我们生活在无尽的紧张和恐惧中，

只要听见响动，我们就会飞得无影无踪。

直到有一天，我们看见有人正在靠近，

此时，我们的雏鸟还太小，无法逃往天空。

那个人离开了。我和我的伴侣一起重返，
一想到孩子们的命运，我就心烦意乱。
很幸运，他们安全无碍，
他们的腿被做了标记*，
这是为了保护他们免受伤害。

*编者注：金刚鹦鹉腿上的标记是动物保护人员为其佩戴的鸟类环志，可为研究鸟类及其生活环境提供科学依据，对于鸟类的管理和濒危物种的保护具有重要作用。

如今，他们长大了，尾羽很长，

又到了离别的时刻，孩子们即将飞向远方。

我和我的伴侣看着他们从树上俯冲而落。

和同伴一起翱翔……

他们，将会看见什么？

绯红金刚鹦鹉（也称五彩金刚鹦鹉）具有优秀的视力和听力。它们的眼睛长在头的两侧，这给了它们超过300度的视野。金刚鹦鹉良好的听觉不仅能帮助它们与其他鸟群顺利交流，还能时刻对危险保持警惕。

绯红金刚鹦鹉拥有强有力的喙，喙上有一个锋利的尖钩。它们用这个尖钩来弄开坚果、种子和未成熟水果的果皮。它们还会用舌头磨碎坚果，使其更容易被消化。它们在爬树的时候，常用喙上的尖钩抓住前方的树枝，再把身体拖过去。

关于
绯红金刚鹦鹉
的一切

金刚鹦鹉是体型最大、颜色最绚丽的鹦鹉，有绯红金刚鹦鹉、大绿金刚鹦鹉等种类，其中绯红金刚鹦鹉分布范围最广。

野生的绯红金刚鹦鹉，通常可以活到50岁。每一只绯红金刚鹦鹉在3~4岁时就找到了配偶，它们是终身伴侣，终其一生都在一起生活，很少分离。雌鸟产蛋后，父母会一起照顾它们的雏鸟，时间长达两年。

和其他种类的金刚鹦鹉一样，绯红金刚鹦鹉通常在晚上成群结队地在树上栖息。

绯红金刚鹦鹉的黑色脚爪上覆盖着鳞状皮肤，可以牢牢抓住树枝和抓取食物。许多绯红金刚鹦鹉通常用左脚拿食物、捡东西，用右脚支撑自己保持平衡。

其他濒危的鹦鹉

风信子金刚鹦鹉（也称紫蓝金刚鹦鹉）是体型最大的金刚鹦鹉之一，长着美丽的蓝色羽毛。它们主要生活在巴西和玻利维亚，因为偷猎和毁林，它们比绯红金刚鹦鹉更濒危。

绯红金刚鹦鹉身长大约 90 厘米，尾巴的长度约占一半。当它们在森林间飞翔时，长长的尾巴能够帮助它们控制方向。

绯红金刚鹦鹉的色彩绚丽，它们因红色的羽毛而得名。它们的背部和翅膀上有黄色的羽毛，翅尖和尾巴上有亮蓝色的羽毛。一些绯红金刚鹦鹉的翅膀和尾巴上，也有绿色的羽毛。

大绿金刚鹦鹉主要生活在中美洲和南美洲，美丽的绿色羽毛与森林融为一体，使它们能够很好地隐蔽，但由于偷猎和栖息地的丧失，其数量正在下降。

白凤头鹦鹉主要生活在印度尼西亚，宠物交易导致的广泛偷猎让它们的数量急剧减少。

绯红金刚鹦鹉
面临的威胁

　　绯红金刚鹦鹉的生活范围从墨西哥南部起，经哥斯达黎加、危地马拉和洪都拉斯等中美洲国家，远至南美洲阿根廷的东北部。金刚鹦鹉在亚马孙雨林中较为常见，但在更北的地区，它们却处于濒危。

人类发展和森林大火

　　绯红金刚鹦鹉的数量正急剧下降，这有多种原因。树木砍伐、河川蓄水、土地耕种、家畜繁育……人类活动无一不在改变自然生态和气候系统。根据巴西国家空间研究所（INPE）的数据，到 2022 年 9 月，已经约有 1455 平方公里的雨林被摧毁。自然环境和气候系统的改变让热带雨林气候变得异常干燥，森林大火时常发生，金刚鹦鹉赖以生存的家园被烧毁。从故事中我们可以看到，栖息在亚马孙雨林的金刚鹦鹉常常利用天然的树洞制造巢穴。如果它们找不到理想的"选址"，就会选择在枯死的树中筑巢，一旦着火，雏鸟只能被大火围困，等待死亡的降临。

残酷偷猎

　　绯红金刚鹦鹉的雏鸟经常被偷猎者从鸟巢中带走。人们把雏鸟当宠物，销往世界各地，这让金刚鹦鹉种群中未来可交配的成年鹦鹉越来越少。就像故事中展现的那样，偷猎者经常爬上树捣毁鸟巢，贩卖雏鸟和鸟蛋；有时甚至直接把树砍倒，对鸟类的生存环境造成了更大的破坏。未来，它们可以筑巢的地方越来越少。

　　幸运的是，为了保护金刚鹦鹉，动物保护人士常在偷猎者活跃的地区巡逻。他们会在小雏鸟的腿上绑一个金属圈（即鸟类环志），这样一来，如果它被偷猎者带走，就能追踪到它。在许多地方，他们会鼓励当地居民一起参与保护金刚鹦鹉的行动，这也可以促进当地的旅游业发展。

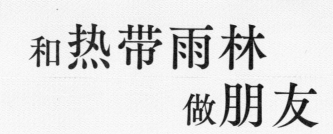

和**热带雨林**
做**朋友**

全世界的热带雨林都需要我们的帮助和保护。它们是无数鸟类、兽类和昆虫赖以生存的家园。树木被砍伐，动物会失去家园，更多的二氧化碳被释放到大气中，还会导致全球气候变暖。

为了保护地球，我们需要减缓地球变暖的速度，和热带雨林做朋友。我们可以用不同的方式为动物提供帮助：

- 在许多地区，人们砍伐热带雨林，是为了大面积种植油棕，以获取棕榈油。在日常生活中，我们可以尽量少购买含有棕榈油成分的产品，比如方便面、人造黄油、部分罐头食品等。除非它是可持续生产的。

- 为了减少碳排放，我们所做的每一件小事都是有益的：用步行、自行车或公共汽车，替代小汽车和飞机。当你不使用电灯和电子设备时，一定记得关掉它们。告诉你的家人和朋友，热带雨林需要每一个人的帮助。

成为"保护动物小英雄"

在家门口，你也可以保护野生动物哟！找出在你居住的省份有哪些动物是濒危的，并告诉你的朋友和家人。

在你家花园里或阳台上种植花草，这可以增加昆虫的数量。许多鸟类需要以昆虫为食维持生存。你可以建一个"昆虫旅馆"，给昆虫和其他生物一个安全的地方过冬。在寒冷的冬季，把食物和水放在外面能够帮助到鸟儿们。你还可以帮它们梳理羽毛，并在羽毛上涂油，以保持干燥温暖；再做一个鸟箱，让它们在里面筑巢——你永远不知道谁会选择你的花园作为它们的新家！

最后别忘了，当你外出时，不要在地上乱丢垃圾——这可能会伤害经过的动物。

你还可以加入一个当地的野生动物保护组织，做更多的事情来保护你周围的动物！